Le petit peuple des chemins

路边偶遇的小动物

峰回路转 邂逅生灵

［法］弗朗索瓦·拉塞尔 斯特凡·赫德 著
聂云梅 译 祝华 译审

生活·讀書·新知 三联书店 生活書店 出版有限公司

关于书中主角

本书中出镜的模特均为野生动物，它们在自己的领地里自由生活。借用某种自动装置，我们悄悄拍下了某些模特（比如鸟类动物）的图片；而另一些模特要么险些丧命于猫爪下（兔子），要么困于办公室（游蛇）或车库里（田鼠），最后却被我们成功营救了。我们曾在斯特凡·赫德（Stéphane Hette）的花园以及田间捉过昆虫和其他小动物，给它们拍照后就让其恢复自由身了；而雕鸮和仓鸮则专门交由相关人员给予照顾和保护。

至于黄鼬和狐狸，我们将它们转送到了一家野生动物保护中心（也称农林中心），几日后它们重获自由。

前言

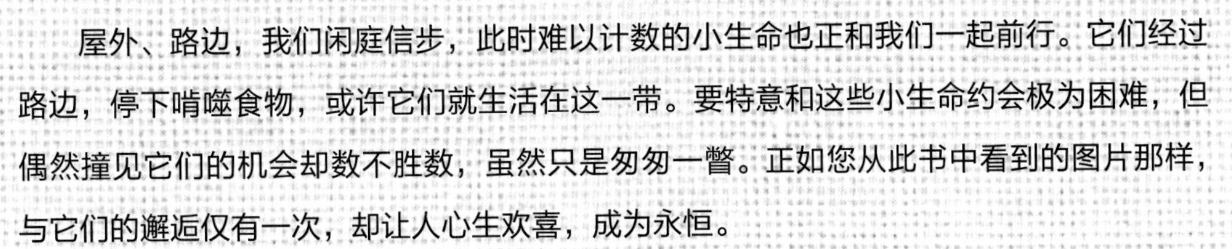

屋外、路边，我们闲庭信步，此时难以计数的小生命也正和我们一起前行。它们经过路边，停下啃噬食物，或许它们就生活在这一带。要特意和这些小生命约会极为困难，但偶然撞见它们的机会却数不胜数，虽然只是匆匆一瞥。正如您从此书中看到的图片那样，与它们的邂逅仅有一次，却让人心生欢喜，成为永恒。

倘若没有这些默默无闻、诚惶诚恐的身影，没有它们或轻柔或洪亮的鸣叫，也没有与它们的轻轻触碰，那么我们的出行会是什么样子呢？它们跃然眼前却不失神秘，陪伴我们走完小径，也陪伴了我们的生活。

此书旨在提醒您擦亮眼睛、竖起耳朵，甚至停下脚步，在平静与沉默中欣赏这些小生命。

图片的背景选用了白色，只为捕捉到这些模特的细微特征。它们每一只都独一无二，我们不也如此吗？我们邂逅了不同的动物明星，接触了不同的自然文化；它们与我们一起居住在地球上，居住在我们偶尔路过的树林里。

终有一日，我们会从它们的特别之处和丰富多样的自然文化里，从它们与我们的相似之处里，知道它们到底是谁。

弗朗索瓦·拉塞尔（Francois Lasserre）

自 2006 年起，我创新了一种摄影技术，这种技术可使图片干净利落并完整呈现我的拍摄对象。与我一贯的拍摄方式一样，在拍摄此书的图片时，动物和植物均被放置在白色的背景前，我要么在原位，要么在摄影棚里拍摄它们。至于光线的问题，我使用的是一整套可操控的无线电小型闪光装置，只要镜头一捕捉到拍摄对象，它们就可以准确无误地照亮对象，并让背景消失。有时我认为有必要隐去植物茎的下端，并将我们那些灵敏的小动物们放置在上面。

闪光装置既未产生高温效果，也未对拍照的动植物造成伤害。

简言之，此书中的图片既无任何秘密或魔法，更没有图像处理软件 Photoshop 长久而了无生趣的修图痕迹。摄影世界里的所有事物均为自由发挥，而捕捉视野的瞬间更是随性。

斯特凡 · 赫德

目　录

从词源学来看，豆娘的名字起源于“粗俗”“胆小”两个词语，而此书里的豆娘其实风度翩翩。它的学名 *Ischnura elegans*（长叶异痣蟌）也很诗意，属名起源于希腊语 *ischnos*（意为“纤细”）和 *ura*（意为“腹部”），种名是 *elegans*（意为“考究的，精致的”）。

优雅恋人

到了四月，只要您顺着路边寻找，就会发现这个小巧玲珑的水生动物，豆娘很常见。只需要有水它就可存活，即使是普普通通刚刚形成的水洼，它也可以在里面产下幼虫并将其保护起来。它藏身于水下的淤泥里，吞食其他小动物。每只幼虫一旦离开水面，就会蜕变为成虫，然后振翅飞翔，追捕其他飞行的小猎物。这也是它们构建“交尾心形”的时候了——雄性和雌性豆娘交尾时会像杂技演员一样构成一颗心的形状。豆娘优雅又诗意，同时也很注重实效：雄性用脖子支撑雌性，直到确信对方已用自己的精液生成受精卵方才放开。这难道不是很有风度吗？

特点：蜻蜓学家[1]——研究蜻蜓的专家们已认可“交尾心形”这一专业术语。

身长：约 7 厘米。

1 蜻蜓学家，因豆娘属于蜻蜓目，所以此处是指研究蜻蜓的专家们。——译者注

地毯里的花斑皮蠹，也称为毒鱼藤皮蠹，与人类生活在同一屋檐下。有时它们在房子的中心地带——地毯里生活，不仅蚕食地毯，还把自己打扮得很花哨。皮蠹（*anthrène*）一词，起源于希腊语 *anthrênê*，意为“大黄蜂”。而这种昆虫的学名——*Anthrenus verbasci*（小圆花皮蠹），也在影射其对毒鱼藤的诱惑力。

泡泡一样的织毯工

人们更多地在远离家门的地方遇到某些小动物，但此物却是例外，毒鱼藤皮蠹很喜欢蚕食住房和博物馆里的装饰物件。它的幼虫像极了迷你版的刺猬，而且在几年的时间里，它都很喜欢以这样的形象示人。它生存于小路边的鸟窝里或腐烂的动物尸体上；而成虫，则常常光顾为它提供花粉和花蜜的花朵。于它而言，翱翔天际的时光转瞬即逝。

特点：和所有的鞘翅目表亲一样，毒鱼藤皮蠹有一双被坚硬鞘壳保护的翅膀——鞘翅。

身长：约 2.5 厘米。

梭鱼那突起、尖形的吻很像梭子，这也成为其法语名字 *brochet*（梭鱼）的起源。它的学名为 *Esox lucius*（白斑狗鱼），属名 *esox* 的原意为莱茵河里的某种鱼，那么到底是梭鱼、鲑鱼、鲟鱼还是六须鲇呢？ *lucius* 一词为其种名，更准确地指出了它属于梭鱼种类。

不凡王者

二月至四月，您一定要仔细观察植被茂密、静止不动或缓慢流动的水域，梭鱼巨大的身影常常出现在那里。它在水深 20 ~ 80 厘米的地方产卵，之后会在两种水域间游来游去，捕食动物。人们喜欢叫它“河王”，因为它是体型巨大、生性凶残的捕食性动物。有人执着地捕捞它，只图一时之快或是想要尝尝它的味道。如果让它自然生长，那么它可存活 20 年，而且身长可以达 1 米有余；不算太久远的几十年前，人们曾在流经巴黎的塞纳河里打捞到如此大的梭鱼。

特点：雌性梭鱼可产下成千上万粒鱼卵，最多时达 60 万粒，但鱼卵的整体存活率却低于 0.5%。

身长：30 ~ 100 厘米。

人类将田鼠归为哺乳动物，其实它属于啮齿动物。黑田鼠的学名 *Microtus agrestis* 来自拉丁语，*micro* 意为“小的”，*agrestis* 意为“田野的”。

田鼠

在田野的原住“居民”中，这个小体型群体显得格外小心谨慎。田鼠藏身于草丛中，其灰暗的体色和安静的性格让它几乎成了隐形鼠；有时，我们只能从它的叫声知道它的存在。它生存不易，因为追捕它的猎手极其灵敏，它们可能是昼行夜出的黄鼬或猛禽，常常出没于这个小矮子最钟爱的潮湿且高高生长的草丛，调动全身感官去寻找它的踪迹，因此，田鼠要随时保持警惕。它在地上或地下造窝，在草通道和土通道之间来去自如，会在通道里找到禾本植物、蛆或小虫子作为食物。它的家族中不乏外形相似的表亲，人们常常把它与野鼠或小家鼠混淆起来。

特点：田鼠很讨厌踩踏和啃食它住处的奶牛。

身长：体长约 10 厘米，尾巴约 4 厘米。

米虾的名字——酸藻米虾（*caridine de Desmarest*）或酸藻匙指虾（*Atyaep-hyra desmaresti*）来自拉丁语 *caris* 一词，意为“虾”。而“虾”一词是由法国诺曼底语里的“小山羊”派生而来的，究其原因是虾喜欢像山羊一样跳跃。

淡水山羊

这个海洋甲壳类动物的表亲只生活在淡水中，尤其喜欢居住在水塘或植被茂密的河流里，在湖泊、江河与沼泽之间来去自如。这是一个半透明的小生物，米虾从地中海西部而来，缓缓北上，途经人类开凿的各大运河和沟渠。它以各种有机物和微型藻类为食，强大的生态适应能力使得它在各类淡水环境中泰然自若。然而它却很少出现在介绍小型水生物的鉴别手册里，人们看到的常常是其表亲钩虾和栉水虱，更为常见的是那些与它接近的昆虫，比如：蜻蜓幼虫、龙虱、臭虫等。

特点：备受水生鸟类和鱼类的青睐，从鹭到鳟鱼，没有不喜欢米虾的。

身长：约 3 厘米。

无须费尽心思去寻觅镜鲤名字的源头，因为它分散且闪闪发光的鳞片已然说明问题。它的拉丁学名是 *Cyprinus carpio*，意为“鲤鱼种”。

魔镜

这是一个人类培育出来的鲤鱼品种。很早之前，人们就将其杂交和养殖，因此镜鲤在最古老的人工养殖品种之列。喜欢吃鱼的修士们精心挑选出这种具有分散状鱼鳞的鱼类，并将其视为圣周五[1]的素食加以食用。镜鲤是普通鲤鱼和野生鲤鱼的杂交品种，而人工养殖的某些鲤鱼品种最终逃离了养鱼塘，重返自由水域。这也解释了为什么人们会在路边看见其中某种鲤鱼，尤其是当它现身于平静的浅水区时。它在游动的过程中会食用水中的动植物；而当它在挖掘淤泥寻找食物的时候，水面的气泡提醒人们它正在此处停留。

特点：镜鲤寿命很长，可活至 15 岁、20 岁、40 岁乃至 100 岁，有时我们还能碰到很重（超过 40 公斤）、很长（1 米左右）的大镜鲤。

身长：平均 60 厘米。

1　圣周五，又称黑色星期五、沉默周五、耶稣受难节、耶稣受难日、救主受难日，是基督教的宗教节日，基督徒用以纪念主耶稣基督被钉死受难的日子。——译者注

蜘蛱蝶翅膀的图案无异于“地图”，而它的法语名字也叫作 *Carte géographique*（地图），这些图案看起来也像一张蜘蛛网。它的拉丁学名 *Araschnia levana*（蜘蛱蝶）即源于此，其中 *Araschnia* 源于 *Arachné* 一词，是指蜘蛛女阿拉克涅；而 *Levana* 则代表一位掌管出生的罗马神。

地图

与神话有关的蝴蝶名字常常让人浮想联翩，人们很难辨别在田野里成“Z”字飞翔的蜘蛱蝶，就连蝴蝶爱好者也会迷失其中。幸而，天空中的它们拥有如风帆一般骄傲的身姿和美丽的色彩，于是我们得以注意到它们的存在，并长久凝视。随着季节的演变，这张地图一如既往地为我们奉上变幻的色彩，橙色到黑色的转换，意味着将有春天或夏天的蝴蝶蹁跹而来。它从冬天的蛹壳中破茧而出，飞往春天的浅色树林里。

特点：没有荨麻，就没有蜘蛱蝶。蜘蛱蝶那黑色、带刺的毛毛虫离不开荨麻这种富含营养的植物。

身长：约 3.5 厘米（翼展）。

鸢尾花象虫被归类到昆虫里。这种小动物在足端拥有唯一一只爪子，因此它的名字里有 *mononychus*，意为“唯一的爪子”；也有 *pseudacori*，这是因为它与沼泽地里的鸢尾花同呼吸、共命运，它最钟情的鸢尾花是黄菖蒲。“象虫”一词的来源不详，它或许起源于龋（*caries*），不知道这是否与它会啃啮植物有关呢?

鸢尾花上的钻工

昆虫与某种植物共同生存的现象并不足为奇，植物庇护、养育着它们。鸢尾花象虫这只小甲虫就很青睐沼泽地里的鸢尾花，它在鸢尾花的荚果里产卵。小小的幼虫全身白色，无爪，用上颚给种子打孔；它的其他象虫兄弟也是这样攻克榛子或橡子的。因为这种啃啮行为，象虫在人类那里声名狼藉；可是路边的它们却又如此数目庞大，所以并不会让我们感到无聊。这些小甲虫在那些五彩斑斓的伙伴们中是最为引人注目的。夏季快要结束的时候，我们可以在沼泽附近发现它们的踪迹。

特点：如果没有沼泽地里的鸢尾花，鸢尾花象虫也就不复存在，它们的成长与鸢尾花的荚果及生长季节直接相关。

身长：约 3 毫米。

罗马人曾将野猫、貂或鼬统称为 *feles*，最终，他们用 *cattus* 一词来指代家猫。从此，野猫的学名变成了 *Felis silvestris catus*（或者 *Felis catus*，视科学分类法的不同而言），这个名字让人们想到了其住在森林里的祖先们。

林中野猫

暮色时分，如果没有狐狸或黄鼬出没，那么我们看见的常常是体形和前两者相近的野猫。它行走于道路边、花园旁或屋顶上，在流浪猫（家猫重变野猫）或者其野生表亲——森林野猫——的陪同下，它们度过漫漫长夜。而我们的小猫天生就是猎手，它们常常做出不招鸟类学家喜欢的行为，专家统计过小猫的猎物[1]：每年都有成千上万只被保护的鸟类、鼩鼱、田鼠或家鼠难逃厄运。可是，7000 余年前，正是为消灭那些啮齿动物，人类才默许了猫在人类社会中的存在。猫的历史非常古老，并与人类紧密相连，它的祖先似乎是被驯化的非洲野猫。今天，它们中的 1200 多万只同类仍然生活在法国人的家庭里。

特点：猫会逗人开心。拟声词“喵”在许多语言里的发音都是一致的。

身长：约 50 厘米。

1 为了帮助科学家更好地了解猫咪的捕食行为，请登录网站 www.chat-biodiversite.fr 把您的猫咪的猎物情况告知他们。

狗（*chien*）一词源自拉丁语 *canis*，之后分别有了 *Canis lupus*（狼）和 *Canis lupus familiaris*（狗）的学名。我们在此注意到了狼和狗的学名的重叠部分，它们在词源学和生物学上的起源是唯一的而且也是相同的。

亲密的狼

这是一种经过进化在外表和智力特征上逐渐适应人类的狼的后代：狗狡猾、温顺、友好、强壮、小巧或巨大，又毛茸茸的……最初它是帮助我们狩猎或看守村子的；之后，它像一位家庭新成员一样为家庭带来了无限生机。我们一直不知道从狼到狗的驯养要追溯到哪个年代，但显然由来已久。狗和人类互相依存，成为了彼此生命的陪伴。虽说它通常生活在我们的家庭里，但它有时也会探路并离家出走；它可以摆脱人类的束缚，变成一只“流浪狗”；它也会像过去和现在的狼一样独立，重新狩猎，在树林里过夜。

特点：狗的祖先——狼像人类一样成群狩猎。正是得益于这个特点，它才能被人类驯养成为狗并完全融入人群中。

身长：12 ~ 100 厘米。

胆小如鼠的人们称仓鸮为可怕的猫头鹰。它的学名是 *Tyto alba*，源自希腊语，*tyto* 源于 *tuto* 一词，是形容这种鸟类叫声的拟声词；而 *alba* 则意为“白色的”——因为它的部分羽毛呈现白色。

玉面夫人

似乎 *chouette effraie*（仓鸮）这个单词与动词 *effrayer*（使害怕）有某种联系。和某些猛禽类动物一样，它在嗥叫的时候会发出阴森恐怖的声音；后来，它便演变成了恐怖的代名词，因为它的叫声及其出现在漆黑夜色中的白色身影总让人惶惶不安。于是那些极其迷信的人们将它的尸体钉在谷仓门上以驱除厄运，但其实，这种栖息在谷仓或钟楼里的“可怕的猫头鹰”只以田鼠或其他人类不喜欢的小动物为食。当您在傍晚出去溜达的时候，很可能会听到它用前颚摩擦出的声响或它的叫声；如果您运气好的话，还会看到它如幽灵一样的身影在头顶安静盘旋，气氛骤然变得庄重起来！

特点：黄鼬是仓鸮最讨厌的敌人，主要是因为黄鼬会偷食仓鸮的蛋。

身长：30 ~ 40 厘米。

“鸡”一词在从前的古法语中是*geline*，后来演变成了*poule*（母鸡），源自拉丁语*pullus*，意为“动物的后代”。它的学名是*Gallus gallus domesticus*，这会让人想起*geline*；而拉丁语*gallus*则指代公鸡。

鸡

鸡从未远离过看着它们诞生的鸡窝，公鸡、母鸡生活于乡下由来已久。人们常常在路边遇到这些形态或种类各异的禽类，它们会用爪子和喙扒土；它们仔细观察路边的种子和小动物，伺机啄食。它们的祖先也许是远在印度和印度尼西亚的金鸡（*Gallus gallus*），这种禽类渐渐被人类圈养。较之其野生表亲，鸡的体型肥胖，不善飞翔，可能是狐狸和黄鼠狼觊觎的最佳猎物。然而，或多或少被人类放养的鸡每天晚上都会在天黑时捕食者出来之前回到窝里。

特点：鸡似乎拥有强大的认知和适应能力，这使得鸡群能忍受密集型饲养环境并存活下来。

身长：35 ~ 55 厘米不等，视品种而言。

水蛇是蛇类家族的成员，若要将其辨认出来，我们可以看看它的颈部是否被一条浅色项链点缀着。科学家更注重的是它的游泳特长，并将其命名为 *natrix*（水游蛇属），*natrix* 一词源自拉丁语 *natare*（游泳）或 *natator*（游水者）。

华丽的游泳健将

不同国家或地区水蛇的颜色不同。幼年水蛇容易与长锦蛇、黄绿游蛇混淆，使人更难分辨。它们都喜神速又默不作声地蜿蜒匍匐于路上，而我们的游泳健将尤其青睐偏僻的乡野和静谧的湿地。它从未远离过水，总是寻找昆虫或两栖类动物吞食。水蛇及其亲戚毒蛇让人又怕又恨，它们成了信仰及象征体系里的受害者，这一点从未随时间的流逝而有所改变。正是因为这些荒谬的想法，人们才会自我克制，使自己不要去仔细观察在地上蜿蜒滑行并如魔法般突然消失不见的它们。

特点：水蛇很少咬人，但是被惊扰到的时候也会呼气。交配时间漫长，持续近 3 个小时。会吃青蛙（及其遗骸）。

身长：约 120 厘米。

科学家用拉丁语将大蟾蜍命名为 *Bufo bufo*，意为“蟾蜍，蟾蜍”。法语中的蟾蜍用 *crapaud* 一词表述，可能是由意为“垃圾、鳞”的 *crape* 一词派生而来。

金眼王子

大蟾蜍名字的起源让我们无法得知其实它既热情又无害。如何做到忘记那些成见、宗教信仰或巫术元素呢？这些标签永久地贴在了这个定居乡野、性格安静的乡间住户身上。我们需要观察它，然后你会发现它动作缓慢、敦厚老实、小心谨慎，它以各种昆虫和鼻涕虫为食，它是一种迁徙动物，而且还有一双引人注目的金色眼睛！这才是它的真实面貌，尽管其貌不扬，但也无法掩盖它的优点。如果一只贪吃的狗咀嚼过它有毒的皮肤，会感到些微不适；那些好奇的人们如果用手摆弄过它之后又揉眼睛，眼睛会感到刺痛。然而，如果小心翼翼地伸出手、充满善意地和它打招呼，那么手上是不会生水泡的。

特点：倘若热恋中的雄性蟾蜍紧紧抱住恋人不放，那么雌性可能窒息身亡。

身长：约 10 厘米。

这种常见的昆虫会发出“唧唧”声，所以蝗虫（*criquet*）的名字也起源于一个类似它发出的声音的拟声词。图片上的这一只蝗虫看起来血迹斑斑，是因为雌蝗虫的身上布满了红色斑点。它的学名为 *Stethophyma grossum*，意为“有一个巨大的 *stêthos*”，*stêthos* 是希腊语，指“胸部”。

麦田里的吟唱者

蝗虫的兄弟们是我们忠实的路边伙伴，倘若您想看到它跳来跳去的样子，那么应该沿潮湿牧场旁的小径走去。对于这个小小的素食主义者而言，牧场里的青草可谓理想美食，它会用上颚啃食青草。它的体色会让它与背景融为一体，有时它就躲在一根麦秆后转圈圈。像寻找蟋蟀一样，我们要放慢速度，守候甚而坐下或躺下才可以发现其踪影。成年的雄性蝗虫会用足部摩擦自己的侧面，于是发出一种只有雌性蝗虫才会听到的声音，后者要么欣然赴约，要么置之不理。

特点：雌性蝗虫在产卵的时候，腹部的产卵器会伸长至地面以下很深处，这样做是为了有效地保护虫卵。

身长：约 2.8 厘米。

被归入螽斯家族的灰蝈蝈全身灰色，会去咬伸向它的那只手，它名字的希腊语词源 *dektikós* 意为“咬人的”，明确指出了它的自卫态度。科学家还注意到了它的短翼（*ptera*），很像鳞片（*pholid*），所以它的学名是 *Pholidoptera griseoaptera*。

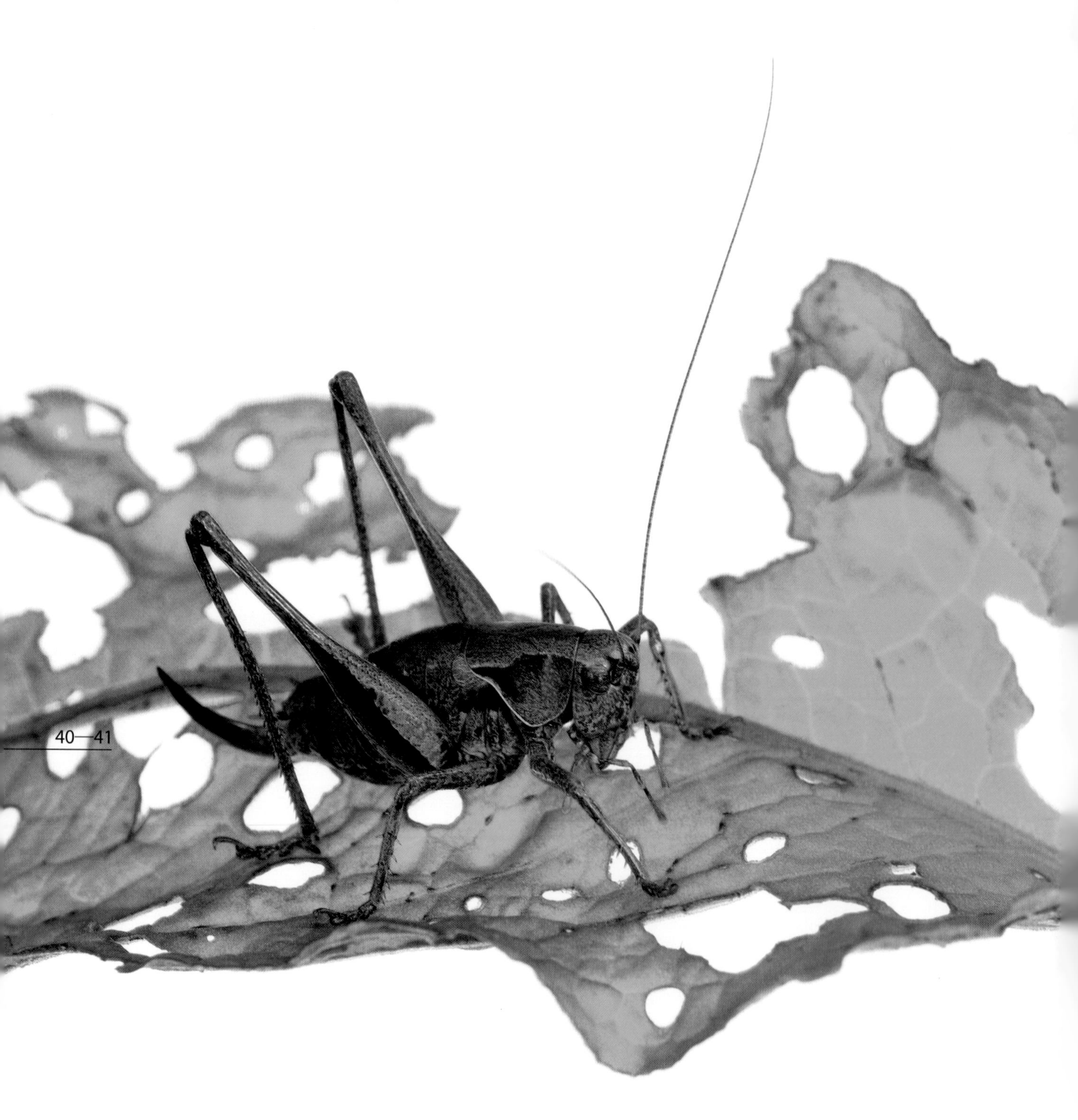

长鳞翅的蟋蟀

灰蝈蝈与螽斯家族沾亲带故，只不过它的触须很长，而且身披绿色或栗色外套，这要视它的种类而言，这张图片上的蝈蝈身着浅灰色的外套。蝈蝈只要看见青草就会去亲密接触，它可不是看看就走的主，它的长足和体色会将自己与疯狂生长、混杂共生的植被融为一体。我们需要停留几秒，等待藏匿在树叶或青草中的它做出行动，因为那是可以察觉得到的。我们也可以竖起耳朵去聆听它，因为雄性会摩擦双翅，发出三个尖锐、短促、近在咫尺的音调。有时，它只发出一次短促又尖锐的鸣声，这声音在十余米之外都能听见。

特点：雌性蝈蝈腹部的末端有一根马刀形的产卵管，但不会对人类造成威胁。

身长：约 1.5 厘米。

加勒白眼蝶身着半黑半白的服饰，完全符合它的名字。我们有时叫它“棋盘”，但它的学名是 *Melanargia galathea*，其中 *melan* 意为“黑色的”；*argia* 源于 *argos* 一词，意为“白色的”。它也让人们想起伽拉忒亚女神。

伽拉忒亚女神

蝴蝶的诸多名字都会让人想起希腊罗马神话及众神。昆虫学家从它们身上获得灵感，而赋予它们的名字也达到了其在天空飞翔的高度，它们如同神话中一艘艘扬帆起航的小船航行于天空。五六月份，加勒白眼蝶成了草场里的仙女，在旺盛生长的青草上翩跹起舞，因为它们，我们的踏青活动才能如此愉悦。有时数量庞大的它们也飞舞在无人管理的野生草场，因为那里生长着加勒白眼蝶幼虫赖以为生的植物。当它们渐渐淡出人们视野的时候，我们会忍不住思念这个如仙女一样的生物，它们去了远方吗？或者它们消失不见了吗？

特点：破卵而出的小幼虫善于隐藏自己并熬过严冬岁月。

身长：约 5 厘米（翼展）。

螯虾（*Ecrevisse*）发出的声音近似于它的甲壳类亲戚虾或蟹，这个词最初可能源自古法语 *escreveice* 和德语 *krebiz* 这两个单词。图片上的这只螯虾叫作信号螯虾或太平洋螯虾，其学名为 *Pacifastacus leniusculus*，希腊语 *Pacif* 意为“太平洋海岸”，*astacus* 源于 *astakos* 一词，意为“螯虾”；而 *Lenius* 源于 lenis 一词，为拉丁语，意为“淡水河流”。

太平洋的信号员

太平洋螯虾的祖先生活在北美的太平洋海岸上，其某些同类被人们引进到欧洲，以巩固红足螯虾的贸易，后者因某种疾病已大量死亡。这种淡水生物繁殖力旺盛，又能见机行事，随遇而安的本领极其强大。当我们轻轻抬起小河中的一块鹅卵石或一截木头，常常会惊喜地看到它的某个同类。它应对袭击的战术是先以静制动，并利用自己的深色外壳伪装来迷惑人们。倘若人们还要继续靠近的话，它会迅速地一甩尾巴后退，然后消失在翻腾的淤泥团里！

特点：之所以叫太平洋螯虾为“信号员”，是因为它足部的白点很像从前的火车信号旗。

身长：约 15 厘米。

如果一只蜘蛛带着王冠，很简单，那就是十字园蛛（*Araneus diadematus*）。今天的法语将其称为 *épeire*（圆网蛛）[1]，该词源自希腊语，意为“在丝上”。

1 圆网蛛，园蛛以蛛网捕食，网大型，近圆车轮形，故又称“圆网蛛”。——译者注

背十字架者

从夏季到冬季，十字园蛛巨大的蛛网装点着小径两侧。它们吐出蛛丝、分泌黏液，用心设计了一个又一个昆虫陷阱，而人类只能对此叹为观止。很少有人会看见十字园蛛爬上树枝，它们在气流中吐出蛛丝并将丝线系紧，以中心为原点织网，织出一个个圆圈。在青草和灌木丛生的路边我们很容易发现它的踪影，它正坐在陷阱中央，等待着坠入其中的昆虫惊慌挣扎。它会立刻或在把玩后吞食缠绕在蛛丝里的昆虫，细细回味。有的人称它为“背十字架者”，这是因它背上的图案而得名。这是否关乎迷信呢？自然科学家们很喜欢它的陪伴，因为他们知道，与它有关的迷信完全是荒谬的。

特点：雄性十字园蛛慢慢靠近可能会吞食自己的雌性十字园蛛，极其小心地以它的方式摇动蛛网——这是一种期待交配的雄性十字园蛛特有的方式。有时，雄性能够成功逃离雌性的吞食，故而幸免于难。

身长：约 2 厘米（不计足长）。

人类在各种语言中统一将其称为雀鹰（*épervier*），即“食麻雀的鹰”。它的学名为 *Accipiter nisus*，意为“鹰类猛禽”。*nisus* 一词来源于 Nisos，正是古代希腊神话中变成鹰的那位国王的名字。

尼索斯国王

当人们行走在路上的时候，雀鹰会突然从树下或灌木丛中钻出，因为它刚刚在树丛里围捕类似于麻雀的小鸟。人们可能会把雀鹰与大杜鹃混淆起来，但也得见过这种谨慎的杜鹃才行，两者的外形和大小都很相似。体型更小巧一些的鸢和猫头鹰也会让人们误以为是雀鹰，同样因为它们有相似的外貌。然而人们还是可以从雀鹰发出的“咕咕”或“唧唧”声，以及它展翅翱翔于天际的飞行姿势将其准确无误地辨认出来。它是苍鹰的兄弟，亦是猛禽大家族里的表亲，而只有那些真正喜欢它们的人才可以将其一一鉴别出来。人们通过它从高空抛下的食物残骸，就能知道这个国王杀死过多少麻雀，当然山雀、斑鸫和鸽子也难逃其魔爪。

特点：雀鹰喜欢在人们用来做圣诞树的冷杉（云杉）树上搭窝。

身长：30 ~ 40 厘米。

人们将勃艮第蜗牛归入软体类动物中。它的学名是 *Helix pomatia*，意为“在冬天合上贝壳的螺”。

雌雄同体的螺

如果勃艮第蜗牛这个爬行的小淘气不保持警惕的话，它是无法活过冬季的。冬季的首次降温和渐渐暗淡的天色往往提醒它该钻进土中冬眠了。一旦稳妥地藏好自己，它就用厚厚一层起到保护作用的干膜封闭壳口；在它持续8年的生命中，它可以重复6次以上的封壳行为。和表亲灰色小蜗牛一样，它是人类餐桌上的美食，所以随处可见养殖和收集它的地方。它会被抹上大蒜、香草和黄油，然后放在盘子里等待人们品尝。倘若不是在餐桌上，它会出现在路边以青草为食，雨水和潮湿的环境有助于它分泌出一种可以使自己凭借腹足滑行的黏液。

特点：每只蜗牛既是雄性又是雌性，也就是所谓的雌雄同体。它们进行异体交配，互换精子，伴随大量的分泌物和吮吸动作，交配过程异常缓慢。

身长：5 ~ 10 厘米。

石貂很喜欢森林或山毛榉果吗？它名字的起源就告诉我们这一点了。它的名字来自 *faine*，指的是山毛榉果；还有 *fagus*，指的是山毛榉。它的拉丁语名字是 *fagina meles*（山毛榉貂），之后演变成了 *fouine*（石貂）。而它的学名叫 *Martes foina*，明确指出它是石貂——貂家族里的成员。

干草破坏者

只有那些了解石貂的人才会在它穿过街道的时候将其与大小相似的猫区分开来，因为石貂的爪子要更长一些。在某些乡间，人们甚至把它叫作“干草上的猫”，因为它喜欢在干草堆里寻找清静之地；有时，它也会在城市人家的阁楼上居住。它会在夜深时分从这些宿营地出发去勘探自己的捕猎领地，从水果到鸡蛋，从鸽子到老鼠，各种各样的食物使得它在哪里都能存活下去，包括在城市里。所以，在城市里很容易遇到它，哪怕只是一闪而过。

特点：和人类共处于同一屋檐下极为艰难，石貂背负着人们的各种成见，但它总能找到与人类和平共处且互不干扰的生存模式。

身长：约 50 厘米。

欧洲胡蜂的学名是 *Vespa crabro*，指黄边胡蜂。而其法语名字 *frelon*（大胡蜂）的起源不详，也许源自在单词里加上了“*f*”的法兰克语 *hurslo*，又或者是来自与其细长体型有关的 *frêle*（纤弱的，瘦弱的）一词，还可能起源于在法国贝里省意为“灼伤”（正如它造成的蜇伤）的 *frêler* 一词。

穿条纹衫的纤纤玉女

对于昆虫爱好者而言，遇见欧洲胡蜂完全是一种享受，因为它盛装出现在人们视线中的机会非常少。它颇有几分“空中王者”的做派，动作精准、迅速，让人叹为观止；它身型较大，着黄黑色交叉的条纹衫，又用深红色精致点缀全身和足部。只有那些想一探究竟的人，才会通过它那如四季豆一般大小的眼睛将其辨认出来。人们知道，只有远离它的蜂巢，才不会受伤。遇见它并不容易，因为它从欧洲或亚洲远道而来，生性胆怯，行事谨慎。对于散步者而言，要看见它那曼妙身姿可是要花费工夫寻找的，因为它要么飞去寻找猎物，要么远游去采集花蜜。

特点：捕食性动物，会传粉且无害……可欧洲胡蜂的坏名声是从何而来呢？不过是因为一些无足轻重的小事罢了。

身长：约 2.5 厘米。

松鸦属于鸦科家族里的成员，其学名为 *Garrulus glandarius*，意为“产橡果的喋喋不休者”。说它产橡果，是因为它在掩藏橡果的时候喜欢将其吞下再吐出。

喋喋不休的闲逛者

这位树林里的原住“居民”经常出现在我们的生活里，松鸦留恋城市花园，而我们并不知道它是何方神圣。我们熟悉它那响亮的尖叫声“喀－喀”（*krar–krar*）！最富诗意的是，它有时会给我们留下一份小礼物——一根翠蓝色的飞羽。那些观察细致的人可能会注意到它身上还有其他颜色，如褐色及葡萄红色，嘴部四周则是粗粗的黑须，这是它的着装风格。因为无事可做，它常常采集橡果、浆果和其他水果，接下来它会把橡果藏匿起来，尤其到了秋天，要收集很多橡果为冬天做准备，这样的行为在鸟类中是很少见的。科学家将鸦科鸟类与人类进行对比后，认为这是它们发达的认知能力所体现出来的行为。

特点：松鸦会偷吃其他鸟类的蛋或窝里的雏鸟。

身长：约 35 厘米。

人们轻易不会想到这种动物属于多足类，究其原因是球马陆长得很像鼠妇（甲壳类）。除了学名 *Glomeris marginata* 以外，它没有别的名字了，但这个学名清楚地指出它“呈球形”，而且甲壳每一环的边缘都饰有边线。

蜷缩的头盔

球马陆是素食多足类动物，和其表亲赤马陆一样，它们在林下灌木丛的枯枝落叶层里缓慢前行，足部像波浪一样运动。球马陆和鼠妇的形态极其相似，它们的生活环境也如出一辙，但只需数一数它们各有多少只足，便可将二者分辨开来。但这其实是件很困难的事情，因为球马陆只要听到一丁点儿动静就会将自己蜷缩起来。数过它足数的人寥寥无几，据说它有 34 ~ 38 只足，沿身体两侧分布。如果它蜷缩成球，就只能全神贯注地观察它了——它会用自己的甲壳蜷缩成一个完整的摩托车头盔的形状。这也是鉴别它的方式之一。

特点：腐食性昆虫里的主要素食主义者。人类未来的饮食习惯是否也会参考球马陆的习性呢？

身长：约 2 厘米。

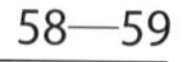

Grenouille（蛙）一词起源于古法语 *renoille*，而后者又因拉丁语 *rana* 而起。有时人们会在名词前添加一个字母，如此处的“*g*”，这种构词法的起因不详。图片里的蛙是欧洲林蛙（*Rana temporaria*），是一种季节性蛙。

季节性的呱呱声

这是一位田野里、草地上的跳远运动员。欧洲林蛙和那些行动敏捷的姐妹们一起生活在远离水边的地方，尽管它出生在水边，但很喜欢群居在路边。较之它那些绿色表亲，它显得默默无闻——青蛙喜欢在水里一直呱呱叫，而它却三缄其口。也许我们会把它和蟾蜍混淆起来？但它不同于后者，因为它跳跃灵敏，一跳起来就不见踪影。它的肤色常常蒙混散步者的眼睛，因为人们区分不出它和枯叶。试问有多少次我们从这些小生命身旁经过却毫无觉察呢？

特点：雄蛙齐鸣，即呼唤爱情，随后欧洲林蛙会将雌蛙紧紧抱在腋下。

身长：约 8 厘米。

众所周知的胡蜂（*guêpe*），其名字起源于拉丁语 *vespa* 以及各种欧洲派生词 *wafsa*、*wapsa*、*wespe*、*vèpe*、*gèpe* 等，最终演化成了 *guêpe* 一词。图中这一只德国黄胡蜂的学名是 *Vespula germanica*，在世界各地都会看见它的身影。

一身斑纹的参禅者

遇到这位着条纹衫的动物飞行员的机会很多，从花园至道路，德国黄胡蜂不过是普通生灵而已，并不凶残。它们珍惜每一次养活其庞大群体的良机，有时多达几千只胡蜂幼虫或成虫栖身于纸蜂巢里。我们最好不要靠近它们，因为守护蜂巢的胡蜂会提醒我们擅自闯入是很危险的。它们生性暴躁，会用蜂毒来对付擅入者以维持家庭的安宁；但是倘若您远离蜂巢，就不会受到伤害。其实，它们很少攻击人类，只是沿着小径在我们的头顶盘旋而已。工蜂捕获到的猎物数量往往惊人，它们会邀请巢里的幼虫享用自己的战利品；至于成年蜂，它们在蜜蜂表亲的陪伴下采蜜和授粉。秋季一到，所有的胡蜂都“撒手人寰”，唯有繁殖力旺盛的雌性——体型肥硕、默默无闻的蜂后可以存活下去。

特点：人类之所以会制造纸张，部分原因可能是向胡蜂借鉴了经验，它们向人类展示了将木纤维素和唾液混合起来的技巧，这种经过咀嚼的纸为胡蜂提供了轻巧又通风的安身之所。

身长：约 1.5 厘米。

欧洲刺猬、西方刺猬或普通刺猬，它的名字五花八门。然而在科学家眼里，这种哺乳动物不过是 *Erinaceus europaeus*，即欧洲刺猬，*hérission*（刺猬）一词源自拉丁语 *hericius*。

扎人的铠甲

和田野、树林里的许多动物一样，这只小小的食虫类动物未能在我们祖先的信仰中幸免于难：刺猬偷吸奶牛的奶、偷盗葡萄时会将食物插在自己的棘刺上，又或者为人们带去厄运。但后来它的身形变圆了，扎人的本性难改，却深受欢迎；只是它那 6000 根坚硬挺拔的棘刺让人们难以将它们揽入怀中抚爱。不同于它驻扎在花园里的表亲——鼩鼱或鼹鼠，我们对它喜爱至极，甚至不再计较它那啃啮昆虫或软体动物的嗜好。这种食虫类动物每天晚上在我们周围方圆 2 ~ 5 公里甚至更大的范围内追捕猎物。

特点：新生刺猬出生的时候身上没有任何棘刺。

身长：20 ~ 30 厘米。

雕鸮被人类归入夜行猛禽。它的学名为 *Bubo bubo*，源自希腊语 *buas* 和拉丁语 *bubo*，意为“鸮”。*bubo* 是它的鸣叫声“卟呼”（*bouhou*）或“呜呼”（*oohu*）的拟声词。

隐形的“卟呼”发声者

深夜，当雕鸮这个小动物勘探其捕猎领地之际，它那深色的背部和无声无息的飞行让人几乎无法察觉到它的存在。白天，这种鸮躲在大树或悬崖上，屹然不动、寂静无声——从这些地方，它能将捕猎领域一览无余。

人们几乎不认识它，是否因为它太过于谨慎呢？人们是害怕它伸展开来的翅膀、橙色的大眼睛以及它那像公爵头冠一样的冠毛吗？的确，它的“咕噜”声及其像猫一样的喊叫声总是让人惶惶不安；然而，它并不知道我们的存在。耳聪目明的它喜欢围捕那些毛茸茸的小动物，而那些小动物们只能祈祷自身侥幸逃过它的利爪。

特点：雕鸮成对生活的时间很长，它们彼此忠贞不渝，有时竟能共同生活 20 余年。

身长：体长约 70 厘米，翼展约 180 厘米。

Hirondelle（燕子）一词，源自拉丁语 *hirundo*。图中的燕子是白腹毛脚燕，也称为窗燕，因为它们偶尔会在窗边筑巢。它的学名为 *Delichon urbicum*，其中 *delichon* 是希腊语 *chelidon* 变移字母位置构成的词，意为“燕子”；而 *urbicus* 则指它的安居之所——“城市”。

窗前的城市“居民”

人类在为白腹毛脚燕提供建筑物的同时，也成全了它无处不在的心愿吧？除了建筑物，它们也可以安居于悬崖之上，而后者有时是可以取代建筑物的。不管怎么说，我们的出现几乎不能让它惶恐，所以大可不必走入小径深处去寻觅其身影。它就在那里，在我们的目光所及之处，在我们的城市和乡村上空飞翔。它的大姐——家燕没有它那白色的尾翼，二者在飞行时皆会捕食昆虫。出于相同的需求，雨燕在进化过程中也具有和它们一样的行为及捕猎技巧，尽管雨燕和它们并非同类。

特点：传说在白腹毛脚燕繁殖的时候捉住并食用它，就会获得爱情。但果真是这样吗？

身长：约 14 厘米。

无论被称为 *huppe* 还是 *upupa*，它的名字总会让人想起其鸣叫声“扑－扑－扑”的拟声词来。图中的这只戴胜被人们称为 *Upupa epops*，*epops* 源自希腊语，是拟声词 *epopoï*（扑－扑－扑）的派生词。

非洲扑扑

戴胜身着彩色条纹装，正是因为这纹状羽毛，让它变成了同类中的异类。它头顶的羽冠也许源自 *huppe*、*houppe*（均指羽冠）这两个词。每年它从非洲远道而来，在二至八月现身于路边；当然，这要视地区而言，但只要停留在地面，它就会被人认出。它追逐地面的昆虫、蜘蛛和蠕虫。它会去窝里喂养雏鸟，如图所示，它的嘴里正叼着用来喂养雏鸟的蝼蛄。它并不惧怕人类，但还是会将鸟巢藏匿于树木或墙壁的凹陷处。非洲撒哈拉沙漠的南部地区以及地中海沿岸流传着关于它的各种传说，但没有哪个传说是经过人类验证的。所以，它真的是具有魔力的鸟吗?

特点：*Salope*（下流女人，坏女人）一词可能因 *sale hoppe*（脏的羽冠）而起，因为戴胜的窝里既有鸟粪的味道，又有它特殊的体味，奇臭无比。

身长：约 27 厘米。

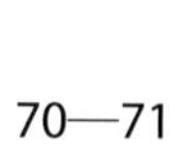

正如人们用 *renard*（狐狸）一词取代 *goupil*（狐狸的旧称）一样，*conin*（兔子的旧称）也演变成了 *lapin*（兔子）。穴兔的学名是 *Oryctolagus cuniculus*，*cuniculus* 源自拉丁语，到底是“兔子”还是“地下通道”的意思呢？在这个名字之前，人们使用过意为“善于打洞的动物”的 *oruktês* 一词，还使用过指代“野兔”的 *lagôs* 一词。图中的这只兔子属于“驯养穴兔”，也就是说它生活在专门提供野味的养殖场里。

驯养穴兔

能够在兔子逃跑之前瞥见其身影的散步者何其幸运！当我们听到穴兔在地上跑动的声响，似乎是它遇到了令人担忧的麻烦事。它返回洞穴或者逃走，只为我们留下白色尾巴的记忆。似乎每一个人都喜欢遇到这个在开放空间里生活的“居民”，哪怕在城市中心与它擦肩而过。它从原始领地西班牙和邻近国家而来，一路追随着我们，而我们养育了它。我们帮助它繁衍生息，还扩张了它的领土，使其生存的空间不仅仅局限于在围墙内，因此它不同于封闭饲养的家兔。较之其祖先，作为后代的它更加肥胖，也更加温顺。

特点：穴兔的新鲜粪便也可以成为它自己的食物，它会将其再次消化，并将所有营养素摄取完毕。

身长：约 40 厘米。

图中的壁虎（*lézard*），源自拉丁语 *lacertus*，是普通壁蜥（*Podarcis muralis*）的家族成员。*Podarcis muralis* 指的是“墙上灵活的脚”，在法语中，它先是被称作灰色蜥蜴，后来才正式称为壁虎。

墙壁上的烦躁症患者

在靠近墙壁或者户外矮墙的地方，壁虎一定是我们夏日午睡和散步的忠实陪伴者。它的移动极其灵活，以至于让每一个想要触摸它的孩子大吃一惊。如果与它的相遇注定要碰到它的身体并且抓住它的尾巴，那么它会将尾巴留在紧紧抓住它的人的指间。它和其他动物一样，天然具备自割能力，然而它需要获得能量来做到这一点，于是它品尝各种昆虫和蜘蛛以补充能量。如果人们行动缓慢，那么它首先会试着保持不动，借伪装来碰碰运气。人们慢慢靠近它，得以看见它的小眼睛、鼻孔和耳朵，这时它的每一个器官都处于戒备状态！

特点：据说，如果在鞋子里发现了壁虎的尾巴，那么好运将会光临我们。可这千真万确吗？

身长：约 20 厘米。

图中的乌鸫（*merle noir*），源自拉丁语 *merula* 一词，该词还有 *merlan*、*merlu*（均指鳕鱼）的说法。是否这也是它酷爱的葡萄品种梅洛（*merlot*）的起源呢？其学名为 *Turdus merula*，意为“乌鸫”。

黑鸟

如果乌鸫全身煤黑，又有一个橘红色的喙，那么它一定是雄性乌鸫。雌性乌鸫是有保护色的，全身褐色，喙栗色，不招摇的体色使它可以安心孵化。无论在城里还是在乡下，它都是我们行走在小路上最忠实、最引人注目的同伴。它那出了名的报警的叫声“哇－哇－哇－哇－哇”（pli–pli–pli–pli–pli）[1]人尽皆知，但人们却不一定知道它就是这声音的“始作俑者”。它和斑鸫在基因和生理方面都很相似，以至于雌性乌鸫会被人们误以为斑鸫。乌鸫从藏身处飞往绿色草坪捕获虫子的时候，人们会注意到它的存在，但它也在用眼睛余光查探着我们的一举一动。

特点：英国人称乌鸫为黑鸟。披头士的歌曲《黑鸟》（收录在 1968 年的《白色专辑》中）便可作证。

身长：约 26 厘米。

1 “哇-哇-哇-哇-哇”，这是通常人们听到的乌鸫叫声。原文“pli”可音译为“噗哩”，可能是法国另一品种的乌鸫叫声。——译者注

法兰克人将其称为 *meisinga*，该词也许源自意为“细小的”的德语单词 *meisa*。蓝山雀小巧玲珑，又被蓝色点缀，因此学者们将其命名为 *Cyanistes caeruleus*，意为“亮蓝、深蓝”。

会杂技的小蓝娃娃

道路转弯处、树林或花园里，蓝山雀一边呼唤我们，一边展示它的杂技。那些散步时抬头望天的人们喜欢观察它的一举一动，聆听它那或尖锐或清脆或低沉的鸣叫。蓝山雀黄蓝相间的羽毛使得人们易如反掌地将它与近亲鸟类区分开来；专家们说它那如同“小杂耍球”一样的动作会让人更加坚信遇到的就是蓝山雀。头上没有任何蓝色、只有黑色帽顶的大山雀是它的同胞。任人随意观察的鸟类现已非常少见，因此，您得停下脚步，仔细观察树枝；得竖起耳朵，耐心等待着蓝山雀现身。与它的邂逅一定会让我们流连忘返。

特点：除了冬季的繁殖期，其他季节蓝山雀不再捍卫自己的领地，而且重新变身社交达人，于是形成了一些多个家庭组成的小团体。

身长：约 11 厘米。

大山雀形似蓝山雀，不过图中的这一只山雀是黑色的，它的头顶和腹部均有炭黑色斑点。鸟类学家将其称为 *Parus major*，*major* 意为“最大的”，而 *parus* 或 *parra* 则意为“厄运鸟”。

戴帽子的黑色山雀

大山雀的同胞是蓝山雀，所以它远非带来厄运的鸟类。确切地说，它和古希腊、古罗马文化里的许多鸣禽一样，是一位“爱情信使”；它更是在我们散步时同我们最亲近也最使我们快乐的陪伴——它的杂技和鸣叫让人们穿过的每一片树林都变得赏心悦目。鸟类爱好者们亲切地称它为“炭黑”，仿佛在强调它与人类所维系的亲密关系。它的歌声，无论是表达爱情还是宣誓捍卫领土，都成了我们日常生活的一部分。它与莺和其他喜欢鸣叫的小鸟们一起婉转地歌唱、轻声地呢喃。要想听到它们的歌声并欢迎它们来家里做客，那再简单不过了：只需要为它们提供一个孵笼和一个昆虫群居、自由出入的花园即可。

特点：适合在城市里生存的大山雀会在那里找到很多洞穴筑巢，尤其是人类为它提供的洞穴。有时它的孵笼就搭在它酷爱的成串爬行的毛毛虫旁边。

身长：约 14 厘米。

树麻雀的学名是 *Passer montanus*，意为“山麻雀”。在法语里，它是 *moineau friquet*（麻雀），它的着装风格很接近 *moine*（修道士），而 *friquet* 则指“漂亮又活泼”。

俏麻雀

无须翻山越岭就能邂逅这种麻雀，因为树麻雀总是随遇而安。它那些名字的起源有的很神秘，它们的确飞到了高山上，也飞到了欧洲的最北边。城市中的它们常常与同胞家雀（图片中飞翔的那一只）为伴，因此人们很难将它辨认出来。散步时，它小心翼翼地将自己伪装起来，藏于农场和花园的灌木丛中。要把它认出来，最为有效的方法是聆听它的鸣叫——它那不停的“吱吱喳喳”声；或者欣赏它被撵走时飞翔的身影。它的喙略宽，可压碎各种谷粒，它也吞食昆虫或蜘蛛——这种麻雀的种群数量在减少，一部分是因为这些小动物也减少了。

特点：树麻雀很适应城市和城市化乡村的生活。

身长：约 13 厘米。

盲蛛通常被称为割草机。它们站立在步足上，如同站在高跷上的牧羊人，拉丁语里称之为 *opilio*。盲蛛在希腊语中是 *phalangium opilio*，之后在拉丁语中为 *phalanx*，意为“棍子”或“趾骨”，这与它的步足特征有关。

割草蛛

民间俗语称盲蛛为“田野蜘蛛”，它在收割庄稼之际现身，用巨大的步足割草。博物学家仍将它视为蜘蛛类动物，但它不过是蜘蛛有 8 只步足的表亲而已。泥泞小路上的这些小“居民”大踏步地行走于草地和树木上，寻找各种食材，比如死的或活的小动物。人们喜欢遇到它，那圆胖的身体及其缓慢的步伐如此淡定从容，见到它的人一般都不会退缩。但其实它很脆弱，它的足部一旦被捉住，就会自动与身体分离。它的各类蜘蛛同胞们也在道路上闲逛，有时还会逛进我们的花园里。

特点：盲蛛是爬行类蜘蛛和飞行类昆虫的表亲。

身长：约 5 毫米（不计足长）。

脆蛇蜥（*orvet fragile*）是没有四肢的蜥蜴，*orvet* 来自拉丁语 *orbus*，意为“眼盲的”，而且它是“脆的”，因为像其他蜥蜴一样，它的尾巴也会自动分离。它的学名为 *Anguis fragilis*，意为“脆弱的蛇”。

玻璃蜥蜴

脆蛇蜥真的一无所有吗？没有四肢，没有视力，也没有力量吗？四肢，确实没有，这是在进化过程中的基因变异，但它也因此可以躲藏在地下保护自己并熬过漫漫冬季；至于视力，它有，和传说不一样的是，它有一双小小的黑眼睛；而力量呢，它一定是有的，好奇的孩子甚至可能因为它的力量而大吃一惊，脆蛇蜥会铆足了劲儿缠绕在孩子的指间。假如它被捕食性动物逮住的话，它也有力气让自己的身体与尾巴脱离。散步时与这种蜥蜴的邂逅总会有些意外或者惶惶不安；而我们当中的勇士总是喜欢轻轻抚摸它，看着它在地上像蛇一样蜿蜒匍匐，可它并不是蛇。

特点：有时，数十条脆蛇蜥挤在一个“蛇洞”里，它们潜伏着度过整个冬季。

身长：约 40 厘米。

小天牛长了一对“山羊角”；体型也很小，至少比大天牛小。它的拉丁学名为 *Cerambyx Scopolii*，*cerambyx* 意为“有巨大触角的昆虫”，而 *scopolii* 则是向意大利博物学家 Scopoli（斯科波利）致敬。

树林之羊

想看到小天牛的幼虫是不可能的——幼虫在光线下呈现白色，而且异常脆弱。它藏身于自己啃啮的树木里，而且一藏就是两年的光景；但人们可以看到它从树木里爬出来的椭圆形洞口。蜕变后的成虫从这个出口展翅高飞，要么飞向需要采蜜的花朵，要么去寻找伴侣。假如您仔细观察伞形花序，很容易就会发现正在吸食花粉的它，这只大个头的黑色昆虫在浅色花朵上异常显眼。它家族中的某些姐妹会选择生活在人工培植林里，这就是为什么人们几乎想不起“天牛”这个名字的原因，人们全然忘记了这个小小的动物团体会对他们的生活造成危害。

特点：小天牛在飞行的时候会把触角当作平衡棒吗？早有人提出这个问题，但至今无人能解。

身长：约 2.5 厘米。

莱桑池蛙在法语里被称作“小绿蛙”，而它的学名则是 *Pelophylax lessonae*，其中 *pelophylax* 意为“泥浆守卫者”，而 *lessonae* 则是向动物学家 Michele Lessona（米歇尔·莱索纳）致敬。无论 *grenouille*（蛙）一词是源自拉丁语中的 *rana* 还是古法语里的 *renoille*，似乎加上“*g*”是因蛙鸣的拟声词而起。

泥浆卫士

与莱桑池蛙的邂逅值得反复回味，尤其是当它突然跳起来吓我们一跳接着又快速消失在水塘里的时候。有时它会等我们走到与它相隔咫尺的时候，利用自己的伪装术使自己与河边的草地融为一体，借此躲过我们的视线。它和姐妹以及表亲们一起追捕水生或陆生昆虫，并在从蝌蚪到成年蛙的蜕变中共同成长。人们很容易注意到两栖类动物中的这些绿色青蛙，主要是因为它们钟情的水塘会吸引散步者们的目光。而其他蛙类，比如身着褐色服装的那位则在远离水边的地方溜达，即使出生在水塘边，它也更愿意去森林腹地生活。

特点：有时圣水缸的底部会刻上青蛙或蟾蜍，虽然它们是魔鬼的标志，但我们浸湿在圣水中的手指足以驱魔。习语“*grenouilles de bénitier*”[1]（笃信宗教、过分虔诚的女人）也由此而来！

身长：约 5.5 厘米。

1 “grenouilles de bénitier”，法语直译为“圣水缸蛙”。——译者注

尺蠖的身体一旦动起来就如同土地测量员丈量土地一般。它是蛾类家族的成员，属于尺蛾科。在法语里，它被称为 *phalènes*，源自某个表示“夜蛾”的希腊语单词。

土地测量员

尺蠖这种运动特征非常明显的毛毛虫，数目庞大、种类繁多，我们常常会看到它们攀附在叶片或小树枝上。它们的种类多到令人咋舌：我们散步的时候就可以遇到它们中的几百个品种。无论行人面对的是什么风景，总会在不经意间遇到一条尺蠖，它正用三对肢足和两对假足大摇大摆地行走。它在惶恐不安的时候会保持直立姿势，与小树枝融为一体，很少有捕食性动物能将隐形的它辨认出来。再过一些时日，它会蜕变成“夜”蛾；然而昆虫学家却清楚，它们中的某些种类是会在白天或暮色时分飞翔的。

特点：很多男性作家都从这些蛾类动物中寻找到创作的灵感，比如阿尔弗雷德·德·缪塞（Alfred de Musset）就在其《柳树》（*Le Saule*，出版于 1830 年左右）一书中这样描写道：“轻盈振翅的金色尺蛾，穿过了香气弥漫的牧场。”

身长：约 3 厘米（毛毛虫时期）。

人们将石蛾（*phrygane*）归类到淡水昆虫中，它源自希腊语 *phruganion* 一词，意为“小干柴”，这是参考其幼虫生活习性而得名的。它的学名为 *trichoptère*，其中 *ptère* 源于 *ptères* 一词，指的是羽化后的成虫；而 *tricho* 源于 *trycho* 一词，为“绒毛密布”之意。

背柴者

池塘底、森林洼地或小径边缓慢流淌的小溪深处是石蛾幼虫的栖息地。每条幼虫都是一名建筑师，构建其水中的藏身之处，它会利用身边诸如沙砾、细枝等元素，切割、粘贴并制造成巢壳，然后钻入其中消失不见；还可以一边藏身一边完善巢壳。假若离开水域，它在蜕变为成虫前可利用足部缓缓前行并以植物和藻类为生；羽化后的成虫很像一只小巧而翅膀绒毛密布的蝴蝶。有时，它借助长触角停在离我们不远的地方，看起来一副弱不禁风的样子。

特点：一日，一位艺术家将这些幼虫放到了一张铺满宝石和金块的床上，幼虫们渐渐将宝石和金子弄到巢壳里，于是每一条幼虫都创作出了一件独一无二的首饰。

身长：约 3 厘米。

大斑啄木鸟用喙敲打树干之际，让人类产生了灵感，于是有了拟声词“笃”（*pic*），这起源于它的法语名字或拉丁语词 *picus*。图片中是一只大斑啄木鸟（*pic épeiche*），其学名 *Dendrocopos major*，意为“一下一下（*kopos*）地敲打树木（*dendros*）”，以及“体型巨大的（*major*）”。

大个头的啄木鸟

在我们相对容易遇到的黑色、白色和红色啄木鸟中，大斑啄木鸟的体型的确是最大的；但它的表亲绿啄木鸟或黑啄木鸟，比它还要大一些。只要紧贴在树上，它的颜色立刻就会吸引散步者好奇的目光。它到底是何方神圣呢？花园里偶然飞到地面的绿啄木鸟是我们所熟悉的，而其他种类的啄木鸟则是属于森林的，它们过着默默无闻的生活。如果能够遇见它和它的弟弟——小斑啄木鸟，将是件曼妙无比的事情。人们不仅可以仔细观察它，同时还能注意到它有一些奇特的生活习性。大斑啄木鸟以种子、浆果或昆虫为生，它用喙慢慢啄树木是为了定位和寻找昆虫；当它啄树木的声音短促而反复时，那么可能是在寻找配偶或捍卫它的领地。它很值得人们反复研究。

特点：没有交配过的雄鸟每天啄树近 600 次。

身长：约 23 厘米。

原鸽（*pigeon biset*）近似于拉丁语中的 *pipiare* 或 *piailler*，这是由模仿它鸣叫声的拟声词而来。而 *biset* 则源自古法语中的 *bis*，意为“深灰色”。它的学名是 *Columba livia*，意为“蓝灰色鸽子”，正如它的外貌。

蓝灰色的聒噪者

从野生到家养，抑或从家养到野生，这些鸟类的生活与人类历史紧密相连。自古以来，这种鸽子就被当作人们的食物、警报传递者或者为表演助兴的道具。而它的后代却失去了让人惊艳的资本，它们经历了无数次被杂交和被驯养的过程，成为了我们最亲密的伴侣。它的野生表亲低调地生活在树林中，偶尔会被猎枪击中。至于城市中的人，有的不能没有它们；有的不了解，甚至害怕它们。如果我们的城市没有生机勃勃的它们会是什么样子呢？如果不曾有过这些难能可贵的信使，我们的战争和历史是否会被改写呢？

特点：集杂食性动物、机会主义者、随遇而安者、群居动物和城市“居民”等身份于一身。就此而言，原鸽和我们人类很相像。

身长：约 30 厘米。

苍头燕雀（*pinson des arbres*）是人们所熟悉的，它的拉丁语名字 *pincio* 是拟声词，与其典型的叫声“呼”（*pinc*）有关，有时它会反复鸣叫。它的学名为 *Fringilla coelebs*，意为“独身燕雀”。

独身歌手

苍头燕雀是单身贵族，除了繁殖期和迁徙期外，雄性与雌性基本处于分居状态。从前它住在森林里，但后来就随遇而安了，甚至可定居于城市的树林里。今天人们会叫它什么呢，花园燕雀吗？道路上行走的人们可以认出它来，即使它也属于那类行动隐秘的罕见的小鸟。它有时停留在地面，有时从一个树枝飞到另一个树枝上，以寻找种子、昆虫和蜘蛛作为食物。假如它与灌木丛融为一体，那么那些熟悉其叫声的人们可以通过它那高低起伏的鸣叫声将其辨认出来。

特点：我们既可以“像燕雀一样快乐”，也可以“像燕雀一样歌唱”。更有“燕雀成瘾者”，会抓住它们并关注它们的鸣叫，以期在燕雀鸣叫大赛中拔得头筹。

身长：约 14 厘米。

为什么这些“老鼠”是秃头呢？这其实源于它的拉丁语名字 *cawa sorix*，即猫头鹰鼠，它非常准确地描述了这种像猫头鹰一样在夜晚活动并具有飞行能力的老鼠，它很像猫头鹰。它的学名 *Pipistrellus pipistrellus* 则来自意大利语中的 *pipistrello*，意为“蝙蝠”。

猫头鹰鼠

借助于爪间相连的翼膜，蝙蝠翱翔于黄昏和夜晚的天际，科学家们因此将其归入翼手目动物中；如果逐字逐句地理解“翼手”，那就是“手和翅膀”的意思。迷信的人类将其视为不吉之鸟，他们说它是撒旦的夜行鸟，又说它会带来厄运；但它后来成为了博物学家们珍爱的鸟类，因为他们知道它会捕食蚊子，它不再让人感觉害怕了。太阳刚刚落山，而繁星点缀的夜幕还未降临的时候，它悄无声息地飞翔着，甚至会让每一个此刻抬头望天的人莞尔一笑。

特点：蝙蝠分开的五指、突起的乳房和裸露的阴茎，都会使拥有各种信仰的人们把它想象成一个具有人形的动物。而中国人则因其谐音，一直都将其视为吉祥物，象征着多子多福。

身长：4 ~ 5 厘米（计尾长）。

狐狸（*renard*）一词最早出自拉丁语词 *goupil*，而后者又是从另一拉丁语词 *vulpiculus* 派生而来，意为“小狐狸”；*vulpes* 则是“狐狸”之意。这就有点像 *conin* 一词演变成了 *lapin*（兔子）的感觉，之所以不再使用 *goupil* 一词，部分缘于家喻户晓的 *Roman de Renart*（《列那狐的故事》）一书。今天人们将其称为赤狐（*renard roux*），它的学名是 *Vulpes vulpes*。

狐狸先生

夜深人静，在田野尽头或道路转角，人们总会看见这个鬼鬼祟祟又诡计多端的家伙。它一闪而过，好像故意为我们制造关于这位神秘的乡村一员的悬念。*renart* 源自日耳曼语 *reginhart*，意为“完美军师”。长久以来，人类将其视为老奸巨猾的代言者，正因如此，它很不受待见，而且还成为众矢之的。但随着时间的推移，人们能接纳它在我们周围的环境里捕食了，可仍然厌恶它翻刨垃圾箱或潜进我们没有关好的鸡窝里的行为！当人躲在暗地里，就有可能扑住它，也就是说把它按倒在地。人们在散步时很容易看到它那宽敞的洞穴，但那也有可能是獾的洞穴……

特点：赤狐和獾皆为体型较大的田野“居民”，我们喜欢经常遇到它们，就像遇到传说中的小矮人一样。

身长：约 80 厘米。

鸟类学家称火冠戴菊为 *roitelet triple-bandeau*（直译为“束三色发带的小国王”），而它的学名是 *Regulus ignicapilla*，意为“戴着火焰色羽冠的小国王”。

火羽

对于像凯尔特人一样的北方人来说，做一个小小的领主就会赢得人们的尊重，如一位德鲁伊教[1]祭司。所以这也解释了，从树枝中飞起的火冠戴菊深受人们喜爱并享受着小国王待遇的原因。它是欧洲最小的鸟类，它和与它长相相似的戴胜表亲一起分享森林、灌木丛和浆果。这两种鸟儿都以昆虫或蜘蛛为食，它们喜欢捕获那些正在活动着的昆虫；它们同为稀有动物。火冠戴菊很喜欢在乡野安家，常栖息于松柏枝头，它那尖锐的叫声只有耳朵尚且强健的年轻人才能听见。

特点：火冠戴菊身型小巧，却造出宽敞且柔软的窝，里面铺满了马毛、蛛网及随处收集的羽毛。

身长：约 9 厘米。

1 古德鲁伊教是在基督教占据英国前，在古英国凯尔特文化中占据统治地位的宗教组织。在当时具有可与国王匹敌的权力。新德鲁伊教是一种具有自然崇拜特征的灵修或宗教形式，它主张与自然和谐共处，尊重所有的存在和周遭环境；同时也尊敬祖先，主张学习本民族的神话传说。——译者注

法语中通常用两个单词来指称一种鸟。图中的这一只是随性的知更鸟，它也确实不刁蛮。它的喉咙和胸部均为红色，其学名为 *Erithacus rubecula*（欧亚鸲），其中 *erithacus* 源自希腊语 *eruthakos*，意为“知更鸟”；而 *rubecula* 则源自拉丁语词 *rubor*，意为“红色的”。

罗宾汉

人们很熟悉知更鸟，因为它无处不鸣叫，道路转角或花园尽头，它的歌声无处不在，可惜在这本书里无法复制出其所有音调的变奏曲。冬季，它选择在人类房子的近处安居，如同家养的鸟儿，但其实是它被我们驯化了，所以英国人才给它取了个人名——罗宾汉——罗贝尔的昵称。春季繁殖期间，它在树林里搭窝，成了不折不扣的“绿林好汉”；也就是在这个季节，这种鸟儿中长相出众的小精灵那预言春天的歌声会使散步的我们感到慰藉。秋冬季节，它那宣誓捍卫领地的旋律再次响起，此时，它从北方远道而来，意欲安家于公园或花园内。

特点：知更鸟窥伺并跟踪许多动物和人，因为他们 / 它们的行为赶走了它所要啄食的一些小动物或昆虫，这再一次验证了它那不拘小节的性格特点。

身长：约 14 厘米。

人们将这种小动物称为赭红尾鸲（*rougequeue noir*）。其学名为 *Phoenicurus ochruros*，源自希腊语，意为“腓尼基人研制的红色染料”以及“赭石色的尾巴”。

高处飞扬的皱纸

人们将赭红尾鸲描述成刷烟囱的工人，这是缘于它那黑色系为主的一身羽毛。英国人形象地叫它“红色预言者”，因为它喜欢在栖息的时候摆动红尾巴（图中的这一只还看不出来，因为这是一只幼鸟）。它一身深色装扮，体型中等，人们之所以会注意到它，是因为其无可比拟的鸣叫。它是喜欢高高在上的动物，总栖停在山里的峭壁上；但也会在城市地带安身立命，它会在那里寻找替代峭壁的高楼，其高度和凹凸的表面很适合它筑巢。离开鸟巢的时候，它依然居高不下，天线上或者工地的吊车上总能看见它的踪影。它引吭高歌，人们终于听到了它那很有特色的唱腔。

特点：赭红尾鸲语速很快，是近似于“嘀哩嘀哩”（*tirititi*）的喋喋不休的长篇大论。如果有一种类似于人们揉纸的声音或电流的噼啪声响起，它会立即停止。它那短促又清脆的叫声很像“嗲－嗲”（*tia-tia*）声。

身长：约 14 厘米。

斑点蝾螈

人们将蝾螈（*salamandre*）描述成一种“爬行动物”，该词源自拉丁语 *salamandra*。今天它被归入两栖类动物中，图中的这一只是火蝾螈（*Salamandra salamandra*），或斑点（黄色）蝾螈。

火蝾螈

散步的人们喜欢看蝾螈仓皇而逃的样子，它的名字曾经是众多信仰的起源。长久以来，它让人们既惊奇又害怕，因为它可以在烈火中生存，还因为它全身都是冰冷的；当它受伤的时候，身体会渗出熄灭火焰的液体……因此，它成了火的化身，身边总有窈窕仙女、小精灵、土地神或者宁芙们的陪伴。据说它能吐出火焰，它的前生是龙。而现在，人们担心的不是它的出现而是它的消亡，更何况它只会在有条件限制的地方生存。人们可以在潮湿的树桩下遇见它，因为那里是它藏身或过冬的地方。

特点：信仰中的蝾螈似乎有些性爱色彩，据说它偶尔会和人类发生肉体关系，并诞下美丽又强大的后代。

身长：约 20 厘米。

透翅蛾的名字是源自意大利河流塞西亚河（*Sesia*），还是源自主管播种的女神塞西亚（Sesia）呢？虽起源不详，但可以肯定的是这种蛾"形似虎头蜂（胡蜂属）"，它的学名 *Synanthedon vespiformis* 分明指出了两者的相似性，还说明了它和蜜蜂有关的事实。

乔装打扮的女神

这将会是一次让人误会的邂逅。透翅蛾足以以假乱真，人们会问，这是一种长了大翅膀的胡蜂吗？这是深色的大胡蜂吗？其实它的体形、身后的毛簇，还有翅膀边缘上的花边证明了这就是只样子很像胡蜂的蛾，但它足以迷惑散步者和捕食者。那些傻傻的鸟儿会不假思索就扑向这样一只猎物吗？这只森林小道上的常住"居民"从未远离过见证它出生的树木，它喜欢橡树、栗树、柳树或杨树；它的毛毛虫生活在这些树上并啃啮树皮下或根部的木头；它是一只长得像胡蜂的蛾，白天活动，以木头为食：这些就足以满足散步者们的好奇心了！

特点：每一只透翅蛾都能伪装成胡蜂或蜜蜂的样子，它们有几十个种类在乡野的上空盘旋，它们既啃啮木头也采集花蜜。

身长：约 2 厘米。

欧鲇被归入辐鳍亚纲中。欧鲇（*silure glane*）这个名字来自希腊语，然后演变成了拉丁语中的 *silurus*，意为“河里的大鱼”。它的学名是 *Silurus glanis*，这是由两个指代这种大型动物的同义词组成的。

低调的大鱼

欧鲇不喜明亮的光线，而喜欢生活在大河底下。假如它现身于田边，人们是能察觉得到的，这是因为它总是隆重登场吗？它们中的某些同类渐渐变老，有的长度超过两米，体重可达 100 公斤。图中的这一只是幼年时期的欧鲇，它有大理石花纹一样的皮肤；长大之后，它会变成绿褐色，腹部颜色较浅。它抢在其他鱼类前寻找食物，有时会吞食水中的鸟类和老鼠。有人见过搁浅时的它捕捉于河边歇脚的鸽子，就如同捕捉海豹的逆戟鲸一样神气。那些希望捕获世界最大淡水鱼的人们就很想将它捕获到手。

特点：欧鲇是莱茵河和多瑙河的原住“居民”，但渔夫迫使它沿我们的运河和池塘顺流而下，于是它也学会随遇而安了。

身长：约 1.5 米。

法语将这类动物统称为蜘蛛（*aragne*），该词源自拉丁语 *aranea* 和希腊语 *arakné*。图中的这一只是 *tégénaire*（家隅蛛），也叫 *tegenaria*，源自拉丁语中的 *tegetarius* 一词，意为“席子编织者”（*teges*），这是因它织的蛛网而起的名。准确地说，它的学名叫 *Eratigena atrica*，*eratigena* 源自 *tegenaria* 变移字母位置，而 *ater* 则表示“黑色的”。

编席女

家隅蛛是驻扎在人类住房或其他建筑物里的大型蜘蛛中的代表。道路上的它会藏身于蛛网里、岩石上、洞穴中或树干上。假如它隐藏起来，人们是很难找到它的，除非它搬家或寻找猎物，又或者雄性向雌性求爱的时候。它横行于乡野或客厅时，则总会被人们发现，有时候人们会在盥洗池中将其捉拿归案。图中是一只雄性家隅蛛，它的须肢端部因交配器官而膨胀。身居宅中或行走于路上时，人们或许早已忘记那些关于它的流言蜚语，因为这类小动物其实既不会伤害我们，又能保证我们耳根清净。

特点：世界各地流传着诸多与家隅蛛有关的迷信和传说，这些说法一致认为这种小动物会为人们带来好兆头。

身长：约 1.5 厘米（不计足长）。

Triton 是海神尼普顿儿子的名字；而我们这位小神仙的学名更为具象一些，它叫 *Ichthyosaura alpestris*，意为“阿尔卑斯山的鱼形蜥蜴”。

两栖小仙

阿尔卑斯山蝾螈集龙、青蛙、蟾蜍、蝾螈或蜥蜴的特征于一身，第一次遇到它的人很难将它归类；但博物学家们将其归为两栖类，也就是那种往返于陆地和水中的动物。这种动物漂亮极了，可惜每每人们靠近平静水面的时候，它总是将肚子隐藏起来；它甚至会藏身于奶牛的饮水槽中，因为里面布满了青蛙卵或是可食用的昆虫。人们得小心翼翼地翻转它的身体才可以见到它那橘色的肚子和蓝色的侧面——雄性蝾螈如此装扮自己，故而显得妩媚动人。除了繁殖期、冬季或水域干涸季外，其他时候它会离开水面，但也随之发生了一些身体上的变化，因为此时它的皮肤凹凸不平、颜色灰暗。就是从那时起，它开始躲藏到地下或树桩下，只在夜间出行……

特点：雌性阿尔卑斯山蝾螈比长了乳突的雄性更大一些。

身长：约 10 厘米。

这种无足动物是一种蠕虫（*ver*），源自拉丁语 *vermis*。图中的这一条是正蚓科（*lombrics*），源自拉丁语 *lumbricus* 一词，也可称其为“蚯蚓”（*Ver de terre*）。

孩子眼里的蛇

蚯蚓很像蛇，黏黏的身体在指间扭动。它是那些亲密接触土壤或以土地为生的动物中的一员，性情随和。当它爬出土里考察周围环境的时候，孩子是最先和它接触的人群。它的刚毛使它可以紧贴地面爬行并钻入很深的土里。它自己觅食、自己打洞，会循环利用有机物，让土壤透气，为土壤施肥，还会湿润和翻耕土壤，这就是它深受园丁和农民喜爱的原因。而在孩子们的眼里，它好动、黏稠、无害又小巧，成为他们青睐的动物。

特点：雌雄同体的蚯蚓在繁殖时，生殖带（光滑且不同于身体颜色的那部分）会分泌黏稠物质，形成包裹着卵的蚓茧。

身长：9 ~ 30 厘米。

萤火虫根本就不是蠕虫，只是因为人类将它归到昆虫中，但它的确是闪闪发光的。它的学名为 *Lampyris noctiluca*，恰到好处地说明了它“发光”的特点。*lampyris* 意为“灯”，源自希腊语 *lámpō*；*noctiluca* 源于 *luc noctis*，指“在黑夜里发光”。

青青草地上的一盏灯

假如你觉得萤火虫多少类似于蠕虫，那么你遇到的可能是它的幼虫或成年雌性；雄性有翅膀，它飞行天际只为邂逅雌性，图中的这只雄性就借助雌性发出的亮光，找到了爱侣。动物界中的生物发光现象并不罕见，但路边最常见的是萤火虫和黄萤。萤火虫的发光器会根据种类发生不同的化学反应，连形状以及闪烁特征也不同，所以，雄性理论上是不可能和另一物种的雌性交配的。至于人类，没有人能对这盏黑夜里的迷你灯无动于衷，它们如同藏在草丛中的珍宝一般熠熠生辉。

特点：萤火虫幼虫喜欢贪食花园和菜园里的软体动物。

身长：约 2.5 厘米。

图书在版编目（CIP）数据

路边偶遇的小动物 / (法) 弗朗索瓦・拉塞尔，(法) 斯特凡・赫德著；聂云梅译. -- 北京：生活书店出版有限公司，2019.4
ISBN 978-7-80768-275-2

Ⅰ. ①路… Ⅱ. ①弗… ②斯… ③聂… Ⅲ. ①动物－普及读物 Ⅳ. ① Q95-49

中国版本图书馆 CIP 数据核字 (2018) 第 264528 号

译　　审　祝　华
责任编辑　乔姝媛　孙　偲
装帧设计　罗　洪
责任印制　常宁强
出版发行　**生活书店**出版有限公司
　　　　　（北京市东城区美术馆东街 22 号）
图　　字　01-2018-6373
邮　　编　100010
经　　销　新华书店
印　　刷　北京图文天地制版印刷有限公司
版　　次　2019 年 4 月北京第 1 版
　　　　　2019 年 4 月北京第 1 次印刷
开　　本　880 毫米 ×1230 毫米 1/16　印张 8
字　　数　46 千字　图 58 幅
印　　数　0,001—6,000 册
定　　价　72.00 元
（印装查询：010-64052612；邮购查询：010-84010542）